豪勇龙 32

乌尔禾龙 34

腱龙 30

鹦鹉嘴龙 38

南方巨兽龙 36

镰刀龙 40

食肉牛龙 42

马普龙 44

阿贝力龙 46

似鸵龙 48

萨尔塔龙 50

鸭嘴龙 52

恐手龙 54

BARYONYX
重爪龙
·史前渔家·

呈锐角的头骨

重爪龙的颈部不像其他兽脚类恐龙一样呈"S"形。头骨呈锐角，而其他恐龙是直角。

圆锥形牙齿

重爪龙的牙齿呈圆锥形，不同于普通肉食性恐龙的餐刀形，共有 96 颗。

我的奔跑小恐龙

白垩纪

主编 / 韩雨江

吉林科学技术出版社

目 录
CONTENTS

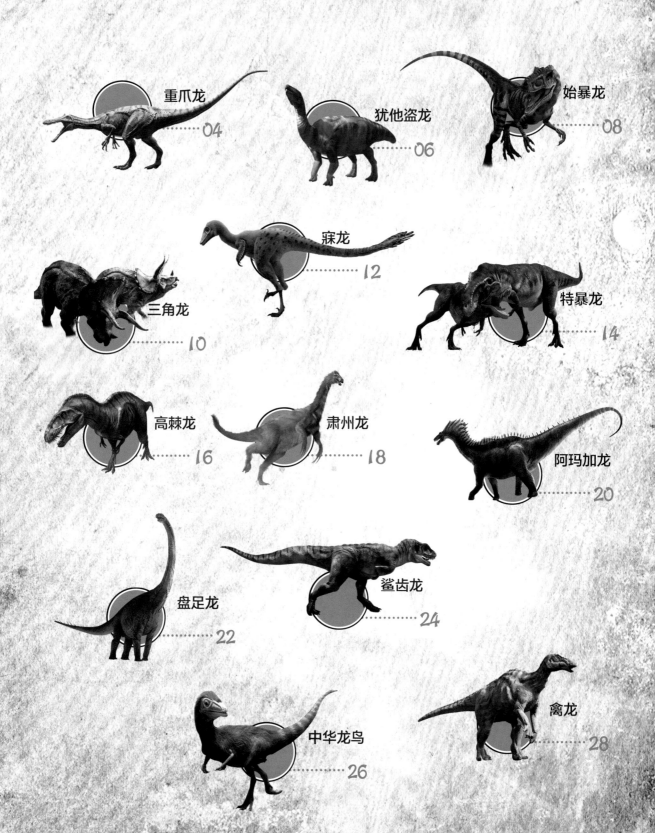

拉丁文学名	Baryonyx
学名含义	沉重的爪
中文名称	重爪龙
类	兽脚类
食 性	肉食性
体 重	约 4 000 千克
特 征	巨大的爪子
生存时期	白垩纪早期
生活区域	英国、西班牙、葡萄牙

7.5 米

1.8 米

镰刀般的巨爪

重爪龙的前肢粗壮有力，各长有一个 30 厘米长的大拇指，弯曲得像一柄镰刀，加上锐利的尖端，会轻松迅速地扎进猎物体内。

在白垩纪早期，重爪龙栖居在欧洲北面的冲积平原和三角洲一带。1983 年，来自美国的业余化石猎人威廉·沃克在英国的萨里郡附近发现了一块超过 30 厘米长的巨大指爪化石，彻底震惊了世界。为了纪念威廉·沃克所做的贡献，古生物学家就将这种新属恐龙的模式种命名为"沃氏重爪龙"。

UTAHRAPTOR
犹他盗龙
·犹他大恶棍·

5.5 米

1.8 米

UTAHRAPTOR >>>

拉丁文学名	Utahraptor
学名含义	来自犹他州的盗贼
中文名称	犹他盗龙
类	兽脚类
食 性	肉食性
体 重	约 300 千克
特 征	脚上有大爪
生存时期	白垩纪早期
生活区域	美国犹他州

睿智的大脑

　　为什么说犹他盗龙很聪明呢？因为当研究人员对其颅腔断层进行扫描时，发现其大脑中心部较大，由此断定其智力要比恐龙的平均水平高，而且具有一定的认知力和处理事情的能力。

我们的主角，犹他盗龙，和重爪龙大致生活在同一时期，并且都有镰刀一般的无敌利爪。犹他盗龙以野蛮的群殴方式在辽阔的平原上肆意攻击。另外，它们还有很高的智商，可谓"文武双全"，因而被其他恐龙视为最危险的掠食者之一。

坚硬的尾巴

犹他盗龙的尾巴就像一根坚硬的棒子，是它们高速奔跑时重要的平衡器。图中被禽龙咬住的犹他盗龙，它的尾巴已经被咬断，即便活下来，生活也会非常艰难了。

我会认

犹 盗 恶 棍 智

我会写

棍			智		

EOTYRANNUS
始暴龙
· 暴君的原型 ·

我会认

暴 君 原 英 怀

我会写

君			原		

无敌利齿

始暴龙的前上颌骨上长有锯齿，后侧有明显的棱脊，牙齿向后弯曲，这些特点降低了始暴龙咬合时牙齿陷入猎物身体内的可能性。

3米

1.8米

独有的颈椎

始暴龙最大的特征是颈椎较长，这是后期暴龙类所没有的。颈椎是脊椎骨中体积最小，但灵活性最大、活动频率最高和负重较大的节段。就是靠这灵活的颈椎，始暴龙能够保持身体平衡，全速追赶猎物。

EOTYRANNUS >>>

拉丁文学名	Eotyrannus
学名含义	早期暴龙
中文名称	始暴龙
类	兽脚类
食 性	肉食性
体 重	约2 000千克
特 征	长颈椎和长前肢手臂
生存时期	白垩纪早期
生活区域	英格兰

EOTYRANNUS >>>

始暴龙的化石是在英格兰怀特岛发现的。根据这些化石可以看出，它们生活在距今 1.3 亿年前，但却与暴龙具有相似的特征。怀特岛地质博物馆馆长孟特指出，暴龙出现在距今大约 7 000 万年到 6 000 万年前。始暴龙是暴龙进化史上重要的一环，它的化石填补了暴龙家谱的缺口。

TRICERATOPS
三角龙

·终极角斗士·

TRICERATOPS >>>

拉丁文学名	Triceratops
学名含义	有三只角的脸
中文名称	三角龙
类	角龙类
食　　性	植食性
体　　重	约 9 000 千克
特　　征	非常大的颈盾及三只大角
生存时期	白垩纪晚期
生活区域	北美洲

三角龙可以说是恐龙世界的超级明星了，无人不识，无人不晓，生活在距今约 6 800 万年到 6 600 万年前的白垩纪晚期。然而，随着大自然的不断变化，恐龙的生存环境也日渐严峻起来，角龙群由于拥有超强的适应能力最终存活下来，在冰冷无情的恐龙世界里上演着自己编写的生存剧本。三角龙是恐龙消失在地球前的最后种族。

我会认

超 距 情 证 复

我会写

情			复		

8 米

1.8 米

囫囵吞枣

三角龙的角质喙已经演化得与现代鹦鹉非常相似了。它们用这个特别的嘴在闭合的瞬间切断食物，然后直接吞咽。

数量众多的牙齿

三角龙的嘴里布满了坚硬的牙齿，牙齿数量为432～800颗，并覆有釉质。当一些旧齿磨损到一定程度时，就会有新的取代它。这种新旧交替的过程同鸭嘴龙类相似。

MEI
寐龙
·沉睡的精灵·

MEI >>>	
拉丁文学名	Mei
学名含义	沉睡的龙
中文名称	寐龙
类	兽脚类
食 性	肉食性
体 重	不详
特 征	盘起来睡觉的姿态
生存时期	白垩纪早期
生活区域	中国辽宁省

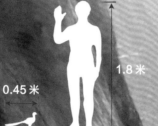

1.8 米

0.45 米

优雅的睡眠姿势

寐龙的体态和睡眠状态都与现代鸟类相似。其头蜷在翅膀之下，面部伏在其中一只的前肢之上，减少了表面积，有利于抵御体温下降。这种行为与鸟类类似，说明这两种动物有共同的祖先。

MEI >>>

莎翁笔下的哈姆雷特曾经说过："死即睡觉，它不过如此！倘若一眠能了结心灵之苦楚与肉体之百患，那么，此结局是可盼的！"没想到这一幕却在亿万年前的辽西应验。寐龙是首次被发现死前处于睡眠状态的恐龙化石，这是人们第一次看到恐龙的睡姿。此前，辽西的大多数化石都保持着"死态"，像寐龙这样近乎睡眠状态保存下来的却不多见。

我会认
沉 睡 精 灵 寐

我会写
沉				精			

大眼看四方

寐龙有着硕大的眼眶，并且拥有卓越的视力，可以在黎明或黄昏等昏暗的环境下觅食，还可以帮助它们发现藏匿在树洞里的猎物。

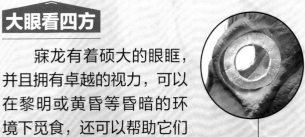

后肢"杀手爪"

和所有的恐爪龙类和伤齿龙类一样，寐龙后肢的第 2 趾也有一个锋利的大爪，能够牢牢抓住猎物。配合那细小的身体，它可以在石缝和树洞等大恐龙难以涉足的地方高效率地捕食。

TARBOSAURUS
特暴龙

· 暴龙的亚洲兄弟 ·

TARBOSAURUS >>>	
拉丁文学名	Tarbosaurus
学名含义	令人害怕的蜥蜴
中文名称	特暴龙
类	兽脚类
食 性	肉食性
体 重	约 4 000 千克
特 征	两根迷你手指, 后肢粗厚
生存时期	白垩纪晚期
生活区域	蒙古国、中国

头部力学

特暴龙的鼻骨和泪骨间没有骨质相连，但却有个大突起长在上颌骨后并嵌入泪骨，咬合力会由上颌骨直接转到泪骨处。它的上颌很坚固，因为上颌骨与泪骨、额骨、前额骨都牢牢固定着。

9.5 米

1.8 米

在白垩纪晚期的东亚，潮湿的平原上河道广布，水草丰美。在这样一个人间天堂里，却居住着一位恶魔，人称"杀戮机器"，它就是特暴龙——最大型的暴龙类恐龙之一。这类恐龙的化石被保存得很好，包括完整的骨骸标本，能帮助研究者详细了解特暴龙的脑部构造和种系关系等相关信息。

我会认
亚 洲 诉 戮 特

我会写
洲 | | | 诉 | |

粗壮的长尾

特暴龙拥有一条又长又壮的大尾巴，这可以帮助它平衡前部躯体的重量，将重心保持在腰间。

特暴龙的大脑袋

特暴龙的头骨虽然巨大，但前段窄小。此外，扩张幅度不大的后段头骨显示特暴龙的眼睛无法直接朝前，因而不具有暴龙的立体视觉。其实，特暴龙是靠着嗅觉和听觉能力进行捕猎的。

ACROCANTHOSAURUS
高棘龙

·凶残的绞肉机·

11 米

1.8 米

我会认

棘 绞 残 添 怪

我会写

绞			怪		

ACROCANTHOSAURUS >>>

在距今约 1.16 亿年到 1.1 亿年前的北美洲大陆上，居住着一群背上长有高棘的恐怖怪兽——高棘龙，其庞大的体形和无比锋利的牙齿可同暴龙比拼，表明了它强悍的能力。近年来，古生物学家们又发现了许多化石，为研究其生理结构提供了更多的资料，让人们能够深入了解高棘龙的大脑和前肢的作用。然而，高棘龙的归属仍存在争议，有些学者将它归到异特龙类，有些学者则认为它属于鲨齿龙类。

背部的高棘

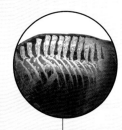

高棘龙外表最显眼的特点当属那些从脖子延伸到后背的高大神经棘。这些背棘在肌肉的附着处，形成一条又高又厚的隆脊，具有调节体温和储存脂肪的功能。

ACROCANTHOSAURUS >>>	
拉丁文学名	Acrocanthosaurus
学名含义	高棘的蜥蜴
中文名称	高棘龙
类	兽脚类
食 性	肉食性
体 重	约4 400千克
特 征	背上有高棘
生存时期	白垩纪早期
生活区域	美国

悠闲的姿势

研究表明，高棘龙前肢关节的许多骨头没有完全吻合，所以这些关节中一定有软骨存在。当高棘龙休息时，下垂的前肢、微微向后摆的肱骨和向内的前肢等形态无不显示其放松的心态。

SUZHOUSAURUS
肃州龙

·可以"擒魔"的手指·

6 米

1.8 米

我会认
肃 擒 指 脑 量

我会写
指				脑			

SUZHOUSAURUS >>>

拉丁文学名	Suzhousaurus
学名含义	肃州蜥蜴
中文名称	肃州龙
类	兽脚类
食 性	植食性
体 重	约 1 300 千克
特 征	细长脖颈和小头
生存时期	白垩纪早期
生活区域	中国甘肃省

脑量商的测量

　　究竟用什么来判断恐龙是聪明还是笨呢？科学家找到了一种"脑量商"办法，即脑量商越大，智力水平就越高。一般来说，肉食性恐龙的脑量商要大于植食性恐龙，所以也就比它们聪明。肃州龙的脑量商就不大，脑皮层也不厚，因而它只是笨笨的恐龙喽！

在距今约 1 亿年前的白垩纪，中国西部的戈壁滩是一片勃勃生机之地。肃州龙生长在这片植物茂盛的地区，是至今发现相貌最奇特的恐龙，它们看上去就像是褪毛的巨型火鸡。

不折不扣的"吃货"

肃州龙不仅是位素食家，还是位不折不扣的"吃货"！你知道吗？它会用一整天的时间吃东西，因而身体长得非常巨大和强壮，和其他兽脚类的植食性恐龙差别很大。

利剑"三叉戟"

肃州龙的前爪是三个分离的指爪，非常锋利，不仅可以抵御敌人的攻击，还能轻易地把树枝扯下来，方便享用。

AMARGASAURUS
阿玛加龙
·长棘将军·

AMARGASAURUS >>>

拉丁文学名	Amargasaurus
学名含义	阿玛加峡谷的蜥蜴
中文名称	阿玛加龙
类	蜥脚类
食 性	植食性
体 重	约12 000 千克
特 征	颈部和背部上背着两面巨帆
生存时期	白垩纪早期
生活区域	阿根廷

13 米

1.8 米

和声速匹敌

从图中我们可以看到，阿玛加龙的长尾好似一条鞭子，所以当肉食性恐龙来袭时，它们就会用这条鞭子狠狠地抽打进犯者。据研究者推测，其鞭打的速度会超过声速（声波在 15℃的空气中传播速度约为每秒 340 米），足以说明阿玛加龙尾部的巨大力量。

我会认
将 速 棘 区 敌

我会写
速 敌

阿玛加龙生存在距今约 1.3 亿年前的阿根廷。它最奇特的地方就是颈部后方的两列似鬃毛的长棘刺，令它远远看上去就像是一只巨型豪猪。此外，这两面"巨帆"也给古生物学家们带来了很大的麻烦，因为对于其功能的讨论，让学者们一度陷入了激烈的争论中。

迷雾重重的"荆棘林"

阿玛加龙身后的两列高棘是其最好的辨认器。研究者认为，这些神经棘间有皮膜，由此连接成"巨帆"并有血管通过。因而，"巨帆"可能会通过吸收太阳能来提高血液温度，并且靠风来吹散热量。

EUHELOPUS
盘足龙
·鲁国巨龙·

拉丁文学名	Euhelopus
学名含义	足像圆盘
中文名称	盘足龙
类	蜥脚类
食性	植食性
体重	15 000~20 000 千克
特征	挺拔的身躯
生存时期	白垩纪早期
生活区域	中国山东省

我会认

盘 鲁 巨 挖 省

我会写

挖				省		

EUHELOPUS >>>

盘足龙生活在中国山东省，时间是距今约 1.29 亿年到 1.13 亿年前的白垩纪早期。它的首次现身是在 1913 年，但直到 1923 年才正式被挖掘。不像大部分蜥脚类的化石那样零碎，盘足龙的头骨很完整。此外，盘足龙还是中国正式命名的第一种蜥脚类恐龙。

长长的脖子

盘足龙具有极为颀长的脖子，总共有17节颈椎。颈椎椎体的神经棘很低，在肩部附近开叉很宽。

11 米

1.8 米

大家伙要减负

盘足龙的脊椎内部具有复杂的孔洞、腔室以减轻身体重量，生前可能包含气囊，类似鸟类的呼吸系统。

23

CARCHARODONTOSAURUS
鲨齿龙
·陆地狂鲨·

我会认

鲨 陆 笨 拙 跑

我会写

| 陆 | | | 跑 | | |

头大且笨拙

要知道，只是鲨齿龙的头骨就有约 1.6 米长，比暴龙的脑袋整整长出 0.1 米。可是脑袋大的并不一定聪明，因为鲨齿龙脑容量要小于暴龙，所以鲨齿龙要比暴龙笨得多。

恐怖的鲨鱼齿

快看，鲨齿龙的嘴内是同噬人鲨相似的牙齿。这些牙齿长成了锯齿状，不弯曲，两边的前缘凸起几乎对称。这些锋利的牙齿能轻而易举地刺进猎物体内，将猎物撕成碎片完全不在话下。

现代非洲的沙漠给人的印象就是炎热干燥，寸草不生。而在距今约 1 亿年前到 9 300 万年的白垩纪，那里却是一片绿洲，一群长有鲨鱼牙齿的怪兽——鲨齿龙也居住在那儿。1931 年，古生物学家首次发现了这种恐龙的化石，但是在 1944 年的"二战"中，头骨被摧毁了。为了复原破损的化石，古生物学家只能再次深入非洲腹地。最终，鲨齿龙的真实面目被整整推迟了半个世纪才正式揭晓。

CARCHARODONTOSAURUS >>>

拉丁文学名	Carcharodontosaurus
学名含义	拥有鲨鱼牙齿的蜥蜴
中文名称	鲨齿龙
类	兽脚类
食　性	肉食性
体　重	4 000~6 000 千克
特　征	鲨鱼齿般的巨大利齿
生存时期	白垩纪早期
生活区域	摩洛哥、阿尔及利亚

12 米

1.8 米

奔跑的"武器"

鲨齿龙的后肢长有三根长趾，趾端还生有似钩子的锋利趾甲。鲨齿龙拥有了高速奔跑和快速掠食的无敌技能，令猎物无处可逃。

SINOSAUROPTERYX
中华龙鸟

· 石破天惊的发现 ·

我会认

棱 迅 捷 飞 功

我会写

飞			功		

1.3 米

1.8 米

　　1996 年，中国古生物界向世界发布出一个爆炸性的信息，那就是第一只长有绒状细毛的恐龙——中华龙鸟出现了！发现地是中国辽宁省。经过近 14 年的研究分析，在 2010 年，古生物学家终于揭开了中华龙鸟最后的神秘面纱，并找到了其毛发衍生物内的黑色素。相关研究员推测，中华龙鸟的毛发为栗色或红棕色。

拉丁文学名	Sinosauropteryx
学名含义	中国的龙鸟
中文名称	中华龙鸟
类	兽脚类
食 性	肉食性
体 重	约 3 千克
特 征	前肢较短，后腿较长
生存时期	白垩纪早期
生活区域	中国辽宁省

DINOSTAR 恐龙星际

中华龙鸟

SINOSAUROPTERYX

平衡功能

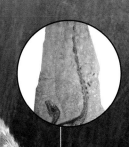

中华龙鸟的长尾巴比身体的一半还长，内部含有 60 多节尾椎骨，由发达的神经棘和脉弧组成，用来保证高速奔跑时身体的平衡。

灵活小短手

中华龙鸟的身体比例和其他小型恐龙不太一样。它的前肢很短，大约等于后肢长度的三分之一，但是指爪很大，可协助捕猎。

IGUANODON
禽龙
· 旅居世界的游侠 ·

我会认

禽 旅 居 世 界

我会写

居			世		

替换过程

禽龙牙齿的替换过程非常有趣，从位于偶数位的牙齿开始替换，而后奇数位顺次被替换。多数情况下，替换是从后面开始的，牙齿由后至前依次减少。

　　1822 年，禽龙从漫长的岁月中"苏醒"，1825 年，来自英国的医生吉迪恩·曼特尔对它进行了描述。自从禽龙现世以后，人类才知道，在这个地球上居然曾经存在着如此令人惊惧的怪兽，而且几乎占据着整个中生代时期。它们霸占着地球，却又突然消失。禽龙存在于白垩纪早期，是第二种被正式命名的恐龙。

10 米

1.8 米

IGUANODON >>>

拉丁文学名	Iguanodon
学名含义	鬣蜥的牙齿
中文名称	禽龙
类	鸟脚类
食 性	植食性
体 重	约 3 200 千克
特 征	拇指尖锐
生存时期	白垩纪早期
生活区域	英国、德国、比利时

重却跑得快

　　禽龙坚实的四肢会令其平稳行走于大地之上，但在奔跑时，就只靠后肢了。幼年的禽龙有着很快的奔跑速度，而成年的禽龙就要逊色得多了。

29

TENONTOSAURUS
腱龙

· 温驯的长尾朋友 ·

多功能的"第三条腿"

    腱龙有一条令人印象深刻的大尾巴，不仅能够用来自卫，还能像袋鼠的尾巴一样支撑身体，可谓是腱龙的"第三条腿"。当它想要摘取高高的树叶时，就会依靠强健的后肢和身后粗壮的尾巴抬高上半身，从而成功摘到树叶。

7 米

1.8 米

我会认

腱 温 驯 朋 尾

我会写

温 ☐ ☐ 朋 ☐ ☐

腱龙生活在白垩纪早期的北美大陆上。腱龙化石与恐爪龙化石一起被发现，由此推测其生前也许被恐爪龙攻击。从化石状态来看，应该是一只单独的腱龙遭到几只恐爪龙围攻。腱龙是很温驯的禽龙类恐龙，喜爱群居生活。它们之所以能在群雄逐鹿的白垩纪存活下来，靠的就是团结的集体。因而，当腱龙们与恐爪龙面对面相遇时，腱龙成为胜者也是有可能的。

TENONTOSAURUS >>>

拉丁文学名	Tenontosaurus
学名含义	肌腱蜥蜴
中文名称	腱龙
类	禽龙类
食 性	植食性
体 重	约5 000千克
特 征	又粗又长的尾巴
生存时期	白垩纪早期
生活区域	北美洲

健美的腿

腱龙的前后腿都很纤细优美，且前腿短于后腿，比较善于奔跑，尤其是未成年的腱龙。

OURANOSAURUS
豪勇龙
·移动空调·

扬"帆"行走

豪勇龙从出生开始就要背着一个"大帆"四处行走。这片帆状物由脊椎神经棘组成，从背部一直延伸到尾部。肌腱将后段棘柱相连来稳固背部。此外，"大帆"还能调节体温并充当展示物，令豪勇龙看起来比实际更强大。

OURANOSAURUS>>>

在距今约 1.25 亿年前的非洲，白天干热，好似要把人烤焦，但是一只长相奇特的恐龙却在美美地晒着太阳。这是因为豪勇龙是一种耐旱耐热的动物，干热的环境对于它来说根本不是值得担忧的问题。

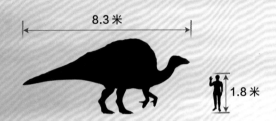

8.3 米

1.8 米

OURANOSAURUS >>>

拉丁文学名	Ouranosaurus
学名含义	勇敢蜥蜴
中文名称	豪勇龙
类	鸟脚类
食　性	植食性
体　重	约3 000 千克
特　征	大型背部帆状物
生存时期	白垩纪早期
生活区域	尼日尔

鸭脸上的隆起

豪勇龙的嘴巴又长又扁，活像一只巨型鸭。在这张"鸭脸"上有一个不规则的隆起，长在大鼻孔和眼眶之间。古生物学家认为这个隆起可能是用在社交活动或追求异性时。

我会认

豪 勇 移 调 非

我会写

移			非		

WUERHOSAURUS
乌尔禾龙

·魔鬼城的创客·

WUERHOSAURUS >>>	
拉丁文学名	Wuerhosaurus
学名含义	乌尔禾蜥蜴
中文名称	乌尔禾龙
类	剑龙类
食 性	植食性
体 重	1 200~4 000千克
特 征	背部骨板、较平坦
生存时期	白垩纪早期
生活区域	中国新疆维吾尔自治区

7 米

1.8 米

变了形的骨板

从化石来看，乌尔禾龙背部平坦的骨板呈长条形且没有棱角，但其实这些骨板可能在保存中变形了，真实的形状无法得知。

在中国新疆维吾尔自治区有一处叫作魔鬼城的地方，虽然终日黄沙遮天蔽日，但是在距今约 1 亿年前，那里却是一处至美仙境。巨大的淡水湖泊如同娴静的女子，岸边长满了浓密茂盛的植物，而著名的乌尔禾龙，就在这里世代繁衍生息着。乌尔禾龙是一类大型剑龙类恐龙，虽然很笨拙，但大自然却赋予它坚硬的骨板和钉刺，为其架构生存的堡垒，令它拥有自卫的法宝。

我会认

乌 创 城 变 滑

我会写

创 □ □ 变 □ □

堪忧的"矛盾"

乌尔禾龙和其他剑龙类一样，尾巴长有四根似钉子的尖刺，可以无惧大型恐龙的侵袭。虽然这些尖刺很厉害，但一旦被折断就无法再生，因此要时刻保护好自己的武器。

35

GIGANOTOSAURUS
南方巨兽龙
·南方的终极杀手·

GIGANOTOSAURUS >>>

拉丁文学名	Giganotosaurus
学名含义	南方的巨兽蜥蜴
中文名称	南方巨兽龙
类	兽脚类
食 性	肉食性
体 重	约7 000~8 000千克
特 征	大脑袋，下巴略呈方形
生存时期	白垩纪晚期
生活区域	阿根廷

13.5 米

1.8 米

GIGANOTOSAURUS >>>

　　在距今约 9 000 万年前的白垩纪晚期，一种非常厉害的掠食者在陆地上出现了。它们健硕的前肢比暴龙还适合猎杀动物，后肢股骨比暴龙的还要粗大。它们就是迄今所发现的恐龙中，体重第二的肉食性恐龙——南方巨兽龙。南方巨兽龙是侏罗纪异特龙的后辈，却在自然选择中进化成更加庞大的体形。

尾巴的功效

　　南方巨兽龙坚硬的骨骼和强壮的肌肉是支撑沉重身躯的保证，还会令它在捕食时有不俗的速度。而又长又尖的尾巴则赋予它迅速转向和击昏猎物的技能。

我会认

终 怕 咬 锋 最

我会写

怕 　 　 咬 　 　

可怕的咬合力

南方巨兽龙的咬合力至少有 6 000 千克，最大的利齿足有 30 厘米，尖刀一样锋利的牙齿令它能够快速撕下猎物的皮肉。在陆生动物中，暴龙的咬合力最大，南方巨兽龙则紧随其后。

PSITTACOSAURUS
鹦鹉嘴龙

· 有爱心的小家伙 ·

PSITTACOSAURUS >>>	
拉丁文学名	Psittacosaurus
学名含义	鹦鹉蜥蜴
中文名称	鹦鹉嘴龙
类	角龙类
食 性	植食性
体 重	约 20 千克
特 征	嘴像现代鹦鹉的喙
生存时期	白垩纪早期
生活区域	泰国、俄罗斯、中国

功能型巨喙

鹦鹉嘴龙的嘴与鹰嘴龟极其相似，咬合力惊人。要知道，鹰嘴龟只有成人手掌那么大，却能一口咬断一次性筷子。如果将那张嘴等比例地扩大到近 2 米的鹦鹉嘴龙身上，就能想象到它有多强大的咬合力了！

　　1922 年，由美国探险家、博物学家罗伊·安德鲁斯带领的中央亚细亚考察队进行第三次考察时，发现了鹦鹉嘴龙化石，为研究这种恐龙提供了素材。此后，在中国的辽宁省又发现了大量的化石。从"鹦鹉嘴龙"这个名称，我们就可推测，它的嘴同鹦鹉的非常像，故此得名。

我会认

鹦　鹉　爱　家　伙

我会写

爱　　　家　　

1.6 米

1.8 米

尾巴的毛毛

　　古生物学家认为，至少有一种鹦鹉嘴龙，其尾巴以及背部末端有着鬃毛状的结构，这可能仅作为展示使用。

THERIZINOSAURUS

镰刀龙

·戈壁沙漠的四不像·

THERIZINOSAURUS >>>	
拉丁文学名	Therizinosaurus
学名含义	镰刀蜥蜴
中文名称	镰刀龙
类	兽脚类
食性	植食性
体重	约5000千克
特征	前肢上有极长的指甲
生存时期	白垩纪晚期
生活区域	中国内蒙古自治区

我会认

镰 戈 壁 沙 漠

我会写

沙 □ □ 漠 □ □

10米

1.8米

THERIZINOSAURUS >>>

距今约7000万年的白垩纪晚期，中国内蒙古自治区戈壁沙漠上并不是如今的黄沙遍野、一片荒凉，而是生机勃勃、水草丰美的植物天堂。在那里，居住着一种植食性恐龙——镰刀龙，它的长相非常好玩儿，可以说是恐龙中的"四不像"。1948年，自苏联和蒙古国组成的挖掘团队发现了镰刀龙的化石，但他们被镰刀龙的大爪子迷惑了，将其标本归入一种大型的龟类！直到20世纪70年代才纠正过来。

张扬的巨爪

　　镰刀龙有一对巨爪可用来自卫或抢夺异性。当碰到敌人时，它可能会展开双臂，然后像天鹅一样拍打翅膀，以此来展示巨爪威吓对方。遇到异性时也这样做，则会在异性心中树立起高大勇猛的形象。

直立行走

　　有些学者认为镰刀龙的前后肢长度相近，所以可能像大猩猩那样走路。但是大多数学者却支持镰刀龙不会用四肢行走的说法，因为它们那样的前肢不适合支撑身体，爪子也很碍事。

CARNOTAURUS
食肉牛龙
·史前牛魔王·

皮内成骨

食肉牛龙的背部与体侧的皮肤上，有多列的圆锥形皮内成骨，部分直径达 5 厘米，包括宽而平的骨板和小而圆的结节。骨板在它的颈部、背部及臀部横列整齐排列，使食肉牛龙的皮肤外表凹凸不平，类似现代鳄鱼的外表。

如牛的犄角

要说食肉牛龙最特殊的部位，就是长在眼睛上方那一对又短又粗的角，使其头顶显得略宽。这一对角不仅可以用作争夺配偶的工具，还可以作为同其他种族进行激烈打斗的武器。

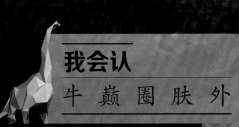

我会认
牛 巅 圈 肤 外

我会写
牛 　 　 　 肤

CARNOTAURUS >>>

在距今约 7 200 万年至 6 990 万年前的白垩纪晚期，生活着一种大型肉食性恐龙——食肉牛龙。它们是目前已知奔跑速度最快的大型恐龙，以自身优势绝对地占领了南美生物圈的食物链之巅，是当时令人闻风丧胆的巨型恶霸。此外，学者们还在化石上发现了一些皮肤的印记，也许食肉牛龙的外表非常精致华美。

CARNOTAURUS >>>

拉丁文学名	Carnotaurus
学名含义	食肉的牛
中文名称	食肉牛龙
类	兽脚类
食 性	肉食性
体 重	约2 000 千克
特 征	眼睛上方长有一对角
生存时期	白垩纪晚期
生活区域	阿根廷

7.5 米

1.8 米

DINOSTAR 恐龙星际

食肉牛龙

CARNOTAURUS

MAPUSAURUS
马普龙

·巨型食肉王·

11.5 米

1.8 米

我会认

普 锯 柯 猜 测

我会写

普			测		

能滑动的鼻骨

马普龙的鼻骨比南方巨兽龙的厚，同暴龙相比其鼻骨可以滑动。此外，这个鼻骨在与上颌骨和泪骨接触的前段很窄，令马普龙在咬碎猎物骨头的同时不会损坏自己的骨头。

瘆人的牙齿

马普龙有着鲨齿鱼类一样的瘆人的齿系，这些侧扁且带着锯齿的牙齿是它的独门武器。

MAPUSAURUS >>>

拉丁文学名	Mapusaurus
学名含义	大地蜥蜴
中文名称	马普龙
类	兽脚类
食 性	肉食性
体 重	约 5 000 千克
特 征	传统的肉食龙
生存时期	白垩纪晚期
生活区域	阿根廷

MAPUSAURUS >>>

1997—2001 年的五年时间里，古生物学家们在一个骨床中挖掘出了许多马普龙化石和其他至少七种恐龙的骨骼化石。2006 年，两位古生物学家，罗多尔夫·科里亚和菲利普·柯里猜测，上述骨床可能是由很多的恐龙尸体堆积而成的，曾经是某种肉食性动物的猎食陷阱，并推测马普龙可能就是这个陷阱的主人。作为一种大型肉食性恐龙，捕杀猎物轻而易举。

ABELISAURUS
阿贝力龙

· 南半球的狠角色 ·

像窗户一样的颞孔

我们可以看见，阿贝力龙的头骨上也长有所有恐龙拥有的大型颞孔。这如同窗户一样的缺口，可以帮助恐龙们减轻头骨重量，更方便快捷地捕捉食物。

6.5 米

1.8 米

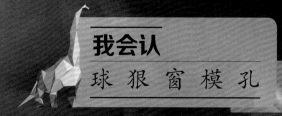

短而高的头颅

要知道，除了头颅稍微短且高，阿贝力龙长得几乎和暴龙一模一样。它的鼻子和眼睛上长有不平滑的突起，也许是用于支撑由角质组成的冠饰，但是却没有在化石中留存下来。

ABELISAURUS >>>

在白垩纪晚期的北美洲，居住着最出名的恐龙明星——暴龙。但是你知道吗？在南半球上，还有一类凶猛无比的肉食性恐龙在悄悄崛起，在南美洲"一统江湖"，它就是阿贝力龙！阿贝力龙生活在距今约8 000 万年前，至今只发现一件不完整的头骨化石，长约85 厘米。

STRUTHIOMIMUS
似鸵龙

·全力奔跑·

双眼的魅力

似鸵龙的小脑袋上，却长着一双很大的眼睛，可谓是魅力四射，因而视线一定非常好。再加上那高超的奔跑技能，躲离危险可谓绰绰有余。

我会认

似 鸵 魅 强 势

我会写

| 似 | | | 强 | | |

STRUTHIOMIMUS >>>

在距今 7 500 万年至 6 600 万年前，有一种和鸵鸟长得非常相似的长腿恐龙——似鸵龙。这只兽脚类恐龙奔跑在白垩纪晚期的加拿大，身后拖着一条几乎与身体一半长的大尾巴。但是，似鸵龙最终和其他恐龙一道永远地消失在地球上了。

4.8 米

1.8 米

拉丁文学名	Struthiomimus
学名含义	鸵鸟模仿者
中文名称	似鸵龙
类	兽脚类
食 性	杂食性
体 重	150~350 千克
特 征	外形像鸵鸟
生存时期	白垩纪晚期
生活区域	加拿大

强势组合

似鸵龙长且壮的双腿是天生为奔跑而生的。长于股骨的胫骨可以高速奔跑，联合的三根跖骨可使力量从脚踝输送到腿部和其他部位，令似鸵龙发挥出极致的速度。

SALTASAURUS
萨尔塔龙
·巨无霸护甲·

SALTASAURUS >>>	
拉丁文学名	Saltasaurus
学名含义	来自萨尔塔的蜥蜴
中文名称	萨尔塔龙
类	蜥脚类
食 性	植食性
体 重	1 800~2 500 千克
特 征	背部有背甲的蜥脚类
生存时期	白垩纪晚期
生活区域	北美洲

8.5 米

1.8 米

坚实的甲胄

　　身体表面是一些圆形骨板，直径介于0.5～11厘米，骨板间还长有似纽扣的坚硬装饰物。这些小突起紧凑地排列着，令皮肤表面更加坚韧，从而增强了萨尔塔龙的防御能力。

到了白垩纪晚期，栖居在北美洲的蜥脚类恐龙失去了植食性恐龙的统治地位，被鸭嘴龙类、甲龙类和角龙类等恐龙占据了优势。但是，还有一种长脖子的蜥脚类恐龙出现在某些地区，如果你看到它们，说不定会以为迷惑龙复活了，这种恐龙就是萨尔塔龙。

我会认

萨 塔 坚 栖 鞭

我会写

坚 栖

可怕的"鞭子"

萨尔塔龙拥有长长的尾巴。尾巴尖部很细，像一条大长鞭子一样。这种长尾不仅仅是保持平衡那么简单，更是令敌人生畏的武器。如果被这大鞭子抽中，后果可是极为悲惨的。

HADROSAURUS
鸭嘴龙

·史前"鸭嘴"怪·

8米

1.8米

HADROSAURUS >>>	
拉丁文学名	Hadrosaurus
学名含义	健壮的蜥蜴
中文名称	鸭嘴龙
类	鸟脚类
食性	植食性
体重	约3000千克
特征	鸭嘴状的嘴
生存时期	白垩纪晚期
生活区域	美国新泽西州、亚洲

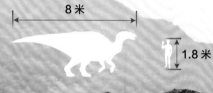

进食机器

鸭嘴龙的牙齿倾斜，数量惊人，表面是磨蚀面，会交错地咬合在一起。鸭嘴龙拥有发达的关节和肌肉，令上下颌可以灵活运动，牙齿就能将坚韧的植物磨碎甚至磨成糊状，是一台强大无比的"进食机器"。

我会认

进 嘴 器 鸭 菱

我会写

| 进 | | | 鸭 | | |

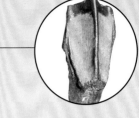

解剖牙齿

鸭嘴龙的单颗牙齿由牙本质和釉质构成，表面是非常正规的菱形形状，但被一条线分割成稍对称的两部分。

HADROSAURUS >>>

白垩纪晚期是恐龙消失前的繁盛时期，恐龙种类丰富，支系广布。有一群"鸭嘴怪"栖居在美国新泽西州的海边，由于嘴长得又扁又长，就像鸭子的嘴，所以叫它"鸭嘴龙"。这类恐龙往往有着极其庞大的种群数量，它们成百上千，甚至上万只集结成群，在北美大陆上慢慢地南北迁徙着。

DEINOCHEIRUS
恐手龙
·恐怖的魔爪·

DEINOCHEIRUS >>>	
拉丁文学名	Deinocheirus
学名含义	恐怖的手
中文名称	恐手龙
类	兽脚类
食 性	杂食性
体 重	约 6 400 千克
特 征	锋利的爪子
生存时期	白垩纪晚期
生活区域	中国内蒙古自治区

各司其职的四肢

恐手龙的前肢是进攻的武器，其细长锋利的爪子注定了前肢无法辅助行走。于是，奔跑走路的重担就交给后肢完成。慢慢地，恐手龙的后肢肌肉进化得健壮无比。

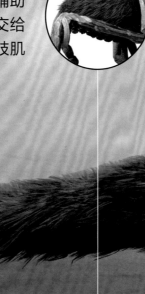

11 米

1.8 米

DEINOCHEIRUS >>>

1965 年，一支考察队在中国内蒙古自治区的戈壁沙漠发现了一种拥有可怕巨爪的恐龙，仅前臂和手指骨骼就达 3 米长！光爪子就有 30 厘米。其中一位研究者还写道："当我想象整个恐龙的模样时，真是感到毛骨悚然！"它就是目前所发现的恐龙中最令人感到惊悚的一种——恐手龙。

灵活的前臂

暴龙的前肢短小，很可能就是个摆设。但恐手龙的前臂修长灵活，因而更为实用。从骨骼来看，其关节可以灵活转动，也就令恐手龙在对抗敌人时运用自如。

我会认

怖 职 考 察 蒙

我会写

职			考		

锋利的"手术刀"

恐手龙除了有强壮灵活的前臂可使用外，长有锋利指尖的大爪也是生存的利器。恐手龙利用这种大爪撕开敌人的胸膛，就如同医生用手中的手术刀划开病人的皮肤一样。

图书在版编目（CIP）数据

我的奔跑小恐龙白垩纪 / 韩雨江主编. — 长春：
吉林科学技术出版社，2017.10
ISBN 978-7-5578-3045-8

Ⅰ．①我… Ⅱ．①韩… Ⅲ．①恐龙—儿童读物 Ⅳ.
①Q915.864-49

中国版本图书馆CIP数据核字(2017)第221906号

WO DE BENPAO XIAO KONGLONG BAIEJI

我的奔跑小恐龙白垩纪

主　　编　韩雨江

科学顾问　徐　星　[德] 亨德里克·克莱因

出 版 人　李　梁

责任编辑　朱　萌　李永百

封面设计　长春美印图文设计有限公司

制　　版　长春美印图文设计有限公司

开　　本　889 mm×1194 mm　1/16

字　　数　50千字

印　　张　3.5

印　　数　8 001-16 000册

版　　次　2017年10月第1版

印　　次　2017年12月第2次印刷

出　　版　吉林科学技术出版社

发　　行　吉林科学技术出版社

地　　址　长春市人民大街4646号

邮　　编　130021

发行部电话/传真　0431-85652585　85635177　85651759
　　　　　　　　　　　　　　85651628　85635176

储运部电话　0431-86059116

编辑部电话　0431-85659498

网　　址　www.jlstp.net

印　　刷　吉广控股有限公司

书　　号　ISBN 978-7-5578-3045-8

定　　价　22.80元